MAKE WITH SEWING MACHINE
LEATHER ACCESSORIES & BAGS

机缝皮革包包和小物

日本Repre皮具学园　编著

如鱼得水　译

河南科学技术出版社

·郑州·

关于皮革的基础知识

关于皮革的基础知识

了解皮革的基础知识，就可以动手制作了。

【工具和材料】

制作皮具要用到各种专业工具和材料。
首先，要备齐带 ★ 标记的工具和材料。
其他的工具和材料，可以根据需要购买。

机缝工具和材料

①★双面胶（宽3 mm、5 mm）…用于临时固定。②★夹子…长距离缝合时，用夹子临时固定一下。③★特氟龙压脚…非常光滑的树脂材质压脚。④★边缘压脚…非常适合缝边缘。脚之间的距离有1~6 mm的。⑤直线压脚（2 mm）…对齐边缘缝合，可以保持一定的宽度压线。⑥引线板…安装在针板上使用，作为引导。⑦★黏合剂…用来临时固定皮革。⑧★手工艺剪刀…用来剪皮绳、布料等。⑨★线剪刀…剪线专用的剪刀。⑩拆线器…用来拆掉线迹很方便。⑪★皮革机缝针…缝皮革专用的针。⑫★打火机…处理线头或带子端头时使用。⑬皮辊…粘贴后用它压实皮革。⑭清洁喷雾…清洁机缝针上面粘的黏合剂。

裁切工具、记号笔

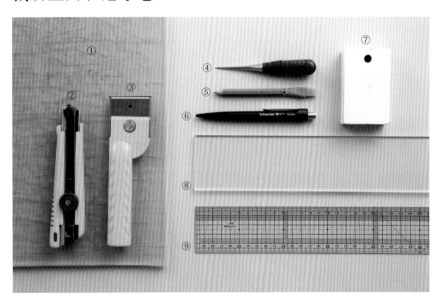

①★塑料垫板…裁切皮革时，垫在桌子上。②★美工刀（黑刃）…裁切皮革和纸型时使用。黑刃刀比普通美工刀的刀刃更锋利。③裁皮刀…裁切皮革专用的工具。④★锥子…用来做记号，或缝合时辅助送皮革。⑤记号笔…在皮革床面做记号时使用。⑥★银笔…这是皮革专用的记号笔。使用后，要在其笔迹融入皮革纤维之前用橡皮擦或银笔擦清洁干净。⑦★皮镇…裁切时用来按压纸型或皮革，使其保持稳定。⑧★无刻度透明长尺…有一定的厚度和重量，非常适合用来裁切直线。⑨★方格直尺…以5 mm为单位，上边刻有方格刻度，非常适合绘制平行线。

边缘、床面处理工具和材料

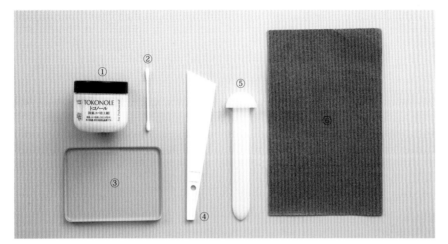

①床面润饰剂…用来抑制皮革床面或边缘的毛茬。②棉签…将润饰剂涂抹在边缘时使用。③玻璃板…涂抹润饰剂后，用它打磨床面，或削薄皮革时作为垫板。④刮刀…涂抹黏合剂时使用，方便大面积涂抹。⑤磨边棒…打磨边缘时使用。⑥砂纸…打磨边缘的毛茬时使用，备上100目（目数指每平方英寸的砂粒数）和240目的比较方便。

五金工具和材料

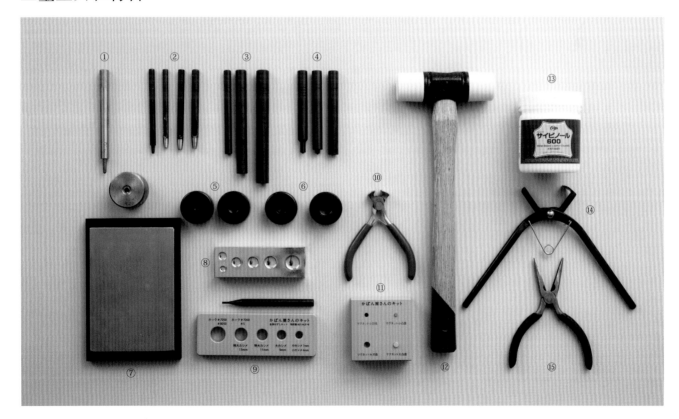

①气眼扣安装棒和安装座…安装气眼扣所用的安装棒和安装座。②圆孔冲…安装金属扣时的必备打孔工具。③铆钉安装棒…安装铆钉时的必备打孔工具。④子母扣安装棒…安装子母扣和磁扣时使用。⑤铆钉安装座…安装铆钉时垫在下面。⑥子母扣安装座…安装子母扣和磁扣使用。⑦不锈钢安装台…使用安装棒或圆孔冲时垫在下面的操作台。一面是不锈钢材质，一面是橡胶材质。⑧万能安装座…可以安装铆钉、子母扣等各种金属扣，尺码多，很方便。⑨金属扣拆除器…将铆钉等金属扣拆掉时使用。⑩钳子…用来调节拉链长度。⑪铆钉式磁扣安装台…用来安装铆钉式磁扣。⑫木槌…安装金属扣时，用来敲打安装棒。⑬白胶…干燥后还保留一定程度的柔软性，非常适合粘贴皮革。黏性高，适合粘贴口金。⑭口金钳…将主体塞入口金时使用的工具。⑮平口钳…用来固定口金的边缘，或者弯曲磁扣的爪。

【关于皮革】

皮革各部位名称

这里会出现皮革相关的专有名，请大家熟悉一下。

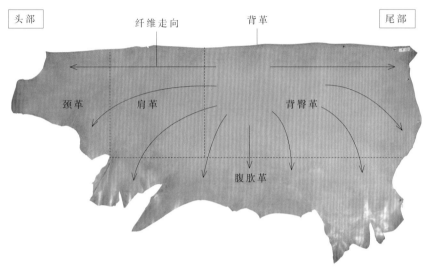

光面   **床面**
光滑的一面叫作光面，也是皮革的正面。
粗粗拉拉、毛毛糙糙的一面叫作床面。

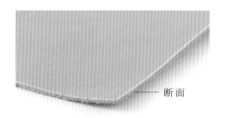

断面
指皮革的裁断面。

图中沿着背部裁开的皮革叫作"半张革"。背臀革、背革的皮质纤维细腻，质地细密，韧性极好。靠近颈部和腹部的皮革，纤维较粗。图中的箭头表示纤维走向，与箭头一致的方向，皮革的延展性较差，不易拉伸。

皮革的种类和特征

不同种类的皮革，特征也各异。
结合想要呈现的质感，选择合适的皮革。

牛皮
纤维绵密，很结实。不同的鞣制、加工方法，会呈现不同的质感，最适合用作手工皮革。

猪皮
这是使用频率仅次于牛皮的皮革。比牛皮柔软，表面可以看到毛孔。光面很耐磨，颜色丰富。

山羊皮
光面上有非常凸显个性的皮纹和毛孔，摸起来手感很好，柔软而有韧性。

马皮
比牛皮的纤维粗糙。但是，由农耕马臀皮制成的科尔多瓦皮革，具有数倍于牛皮的韧性和细密的纤维结构。

鞣制方法

动物原皮不能直接用来做皮具，
需要去除毛发、清除污渍，并施以"鞣制"工艺进行软化，
才能变成柔软、温润的皮革。

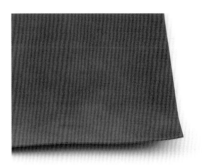

铬鞣

使用化学药品铬液进行鞣制，皮质比较柔软，不容易划伤，很耐用。

单宁鞣

用植物单宁酸鞣制，皮质较硬，不容易延展。容易留下使用痕迹。鞣制后，不进行其他加工处理的皮革叫作素革。

组合鞣

使用两种以上鞣剂鞣制。同时具有单宁鞣和铬鞣的特性。

加工方法

鞣制后的皮革，还要对表面进行加工、染色等，
这才完成一件皮革。
下面，介绍各种加工方法。

起毛加工

用砂纸等将光面或床面磨毛。

压纹加工

用模具在皮革表面压出凹凸花纹。

揉制加工

用手或工具，将皮革表面揉出皮纹。

购买皮革

皮革以DS作为计量单位，1 DS=10 cm×10 cm。
在出售皮革的材料店中，一般都以1 DS作为计价标准。
皮革材料店出售的皮革一般是半张革，
也有商店会裁切成A4纸大小或边长30 cm的大小来销售。

本书所用的皮革

下面介绍本书中所用的皮革，供制作皮具时参考。

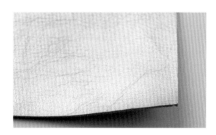

新型彩革

光面有着优美的光泽，是光滑、柔软的铬鞣革。

PIANO皮革

这是薄而软的油皮革，单宁鞣制，带着沉稳的光泽。

起绒猪皮革

这是铬液鞣制的猪皮革，施以染色加工工艺，并对床面进行起毛处理。皮质柔软，手感颇佳。

卡普丽莎

单宁鞣制，带着山羊皮特有的优美纹理，耐磨性很好。

START Ⅱ

床面具有半光泽，压有细细的皮纹，是铬鞣革。

彩革Barchetta

单宁鞣制，并施以揉制工艺。光面带着独特的纹理，柔软而有韧性。

软皮革

这是一款轻薄、柔软而且韧性很好的铬鞣革。它的特征是色泽优良，不易褪色。

无铬彩革

这是单宁鞣制的皮革，同时施以特殊的工艺，让皮革看起来更加温润、柔软。

卡瑞娜（Carina）

色泽优良的高品质全单宁鞣制皮革。质地柔软，带着恰到好处的韧性，用起来很顺手。

D基础革

铬鞣以后，清除铬液，重新单宁鞣制，制成脱铬单宁鞣皮革。可以享受皮革熟成的乐趣。

原色软皮革

这是一款柔软的铬鞣革，不使用任何颜料，只用100%意大利制造的染料上色。

【 制作纸型 】

转绘实物同大纸型

＜透明纸转绘法＞

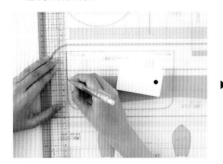

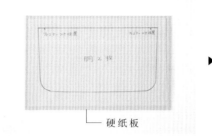

硬纸板

①将透明纸放在书后所赠的实物同大纸型上，描绘主要线条。

②描好线条后，裁剪透明纸，要比轮廓稍大。用口红胶将其粘贴在硬纸板上。

③沿着轮廓裁切。

＜复印法＞

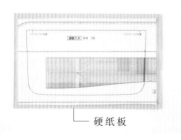

硬纸板

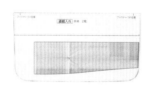

①将书后所赠的实物同大纸型上所需要的部件复印下来。裁剪时要大一圈，用口红胶将其粘贴在硬纸板上。

②沿着轮廓裁切。

没有纸型的部分

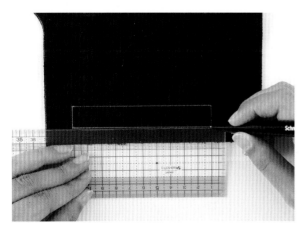

装饰线等没有纸型的部分，在制作方法页中写有详细尺寸，按要求用银笔在皮革光面画线即可。

【 裁切 】

纤维走向和裁切方法

提手

名片夹   小钱包

沿着纤维走向，皮革的延展性较差，不易拉伸。
根据用途，裁切时要考虑纤维走向。

提手…需要一定的韧性，要沿着纤维细密的背部纤维走向裁切。袋口…小钱包和大包上口袋的袋口要沿着不易延展的方向裁切。如果是比较大的托特包，有时也不需要沿此方向裁切。折叠处…名片夹等上面的折线，要使折痕顺着纤维走向，这样才会容易折叠。

裁切方法

<直线部件>

①将纸型重叠在皮革光面，用皮镇压住。沿着纸型，用美工刀裁切。

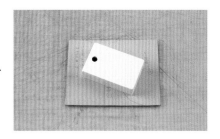

②沿着纸型裁切好了。

> **<直线部件>**
>
> 长直线部件如果沿着纸型裁切，裁断面可能没那么平直。这时，可以使用无刻度透明长尺辅助裁切。

<曲线部件>

①将纸型放在皮革光面，用银笔沿着纸型描绘轮廓。

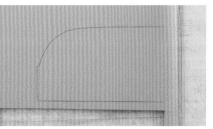

②用美工刀沿着轮廓线内侧裁切。

做记号的方法

<安装金属扣位置>
将纸型放在部件上，用锥子垂直扎出小孔，做上记号。

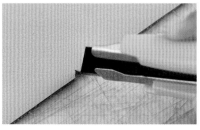

<对齐记号（牙口）>
将两个以上部件缝合时，要做上对齐记号（牙口）。缝份内侧对齐标记，切割出三角形牙口。或者用银笔在缝份内侧做记号。

【处理床面和边缘】

润饰床面

如果很在意皮革床面毛毛糙糙的样子，在裁切前可以进行润饰，以消除毛茬。

①用刮板取适量床面润饰剂，沿着毛茬的方向，薄薄地涂抹均匀。

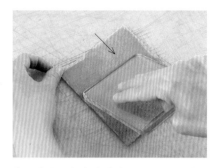

②用玻璃板打磨皮革床面，沿着毛茬方向打磨均匀。

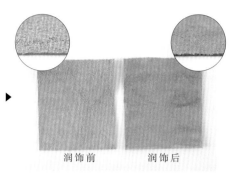

③皮革的毛茬消失了。

打磨边缘

裁切后或完工阶段处理好边缘，皮革会更加耐用，不易磨损。
特别是单宁鞣制的皮革，处理过的边缘会格外彰显品质。

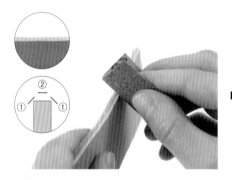

①两侧边缘的棱角→边缘，照此顺序用砂纸打磨，直至边缘处的切面平整。先用100目砂纸打磨，再用240目砂纸打磨。

②用棉签蘸取床面润饰剂，涂抹在边缘上。

③用床单布或帆布等棉布，在边缘上涂抹润饰剂。建议将皮革边缘和台面边缘对齐，便于涂抹。

④用磨边棒平整的一端继续打磨。

⑤用磨边棒带凹槽的一端打磨。重复步骤①～⑤，打磨至喜欢的光滑度。

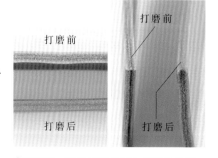

⑥打磨后，边缘不平处和毛茬都消失了，断面也由平直变成了有弧度的样子。

【机缝】

机缝皮具，首先要掌握缝纫机的基础知识。

推荐缝纫机

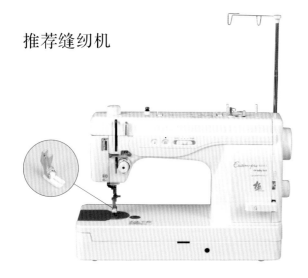

Excim-pro
EP9400LS 极系列/baby
lock

这是缝制皮革专用的缝纫机。可以用面线、底线和8号粗线。导线钩可以穿上适合皮革、厚布料的线，缝出来的针迹漂亮。缝制皮革时，建议使用光滑的特氟龙压脚。

<使用家用缝纫机时>

根据家用缝纫机的型号，缝纫时力度会有差异。在正式缝纫之前，要用皮革的边角料试一下。

针的种类

缝制皮革，要选择较粗的机针（No.16~No.18）。
准备上圆头针（DB×1）和菱头针（DB×F2）。
如果针断了，换更结实的钛金针。
※缝纫机针一定要和缝纫机的型号搭配。

针尖的形状不同，针迹也不同。圆头针的针迹和正常针迹一样，菱头针的针迹有一定的倾斜度。本书的作品，如果是正面可见的针迹，则使用了菱头针。大家可以根据喜好选择使用。

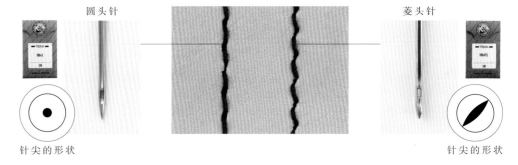

圆头针　　　　　　　　　　　　　菱头针

针尖的形状　　　　　　　　　　　针尖的形状

使用的线

皮革有一定厚度，适合使用粗线（#30 ~ #8）。
下面介绍几款适合皮革的机缝线。

皮革包用的机缝线（#30、#20）

缝制皮革包专用的机缝线。细线缝出来的针迹很有光泽。粗线的韧性、弹性皆佳，建议制作装饰针迹时使用。

国王皮革机缝线（#30）

容易缝合，针迹美观，是最适合手作皮革的线。

专业皮革机缝线（#8）

这种线很耐用，针迹很漂亮，是适合厚皮革使用的粗线。

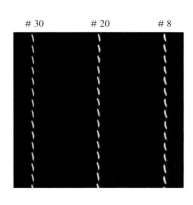

30　　　# 20　　　# 8

临时固定

＜夹子＞

用夹子夹住缝份进行固定。缝合起点处的皮革容易错位，要同时粘贴3 cm距离的双面胶进行固定。

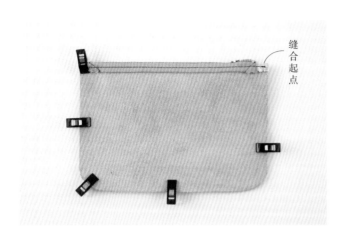

缝合起点

＜黏合剂＞

粘贴皮革床面时，将黏合剂涂抹在缝份处，彻底干燥后粘贴。涂抹黏合剂时，可以用复印纸遮住，然后用刮板涂抹。

＜双面胶＞

在缝份内侧粘贴双面胶，临时粘贴固定。如果事后不揭掉，边缘会黏黏的。如果露在外面，一定要在缝好后揭掉。

袋口用双面胶固定（边缘折回来）。

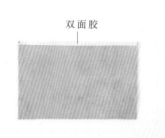

双面胶

折出折痕

①在缝份处粘贴双面胶，用粘贴的方法来固定皮革。要根据缝份的宽窄来选择合适的双面胶。

②双面胶粘好了。

③在袋口等需要折出折痕的地方，不要揭掉双面胶上的光纸，对齐双面胶的边缘折出折痕。

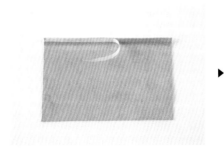

④然后揭掉光纸。

⑤对齐步骤③的折痕粘贴。

⑥固定好了。用皮辊压平，看起来更整洁。

缝纫机的使用方法

<调线轮>

面线和底线的松紧度要调整一致，缝出来的针迹不会过紧，也不会过松，会很漂亮。在正式缝纫之前，先用皮革边角料确认一下针迹。用调线轮调节线的松紧。

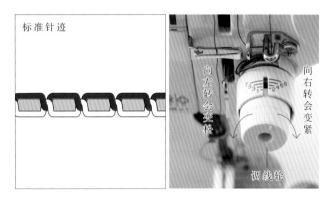

标准针迹
向左转会变松
向右转会变紧
调线轮

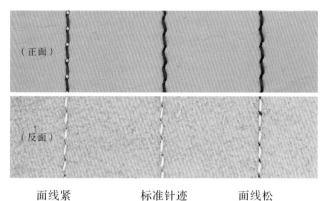

（正面）

（反面）

面线紧	标准针迹	面线松
正面可以看见底线。将调线轮向左转动一点，让线松一点。		反面可以看见面线。将调线轮向右转动一点，让线紧一点。

<针脚的大小>

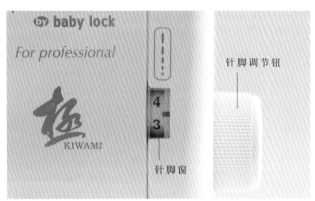

针脚调节钮

针脚窗

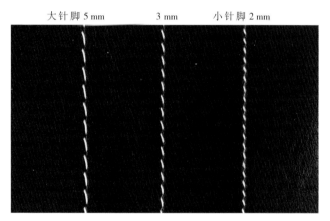

大针脚 5 mm　　　3 mm　　　小针脚 2 mm

针脚的大小，可以通过旋转缝纫机的针脚调节钮来改变。缝制皮革时，要设置成3~3.5 mm。针脚大会缝得比较快，但会不结实，适合缝在不直接影响包包造型的地方，或者作为装饰。细细密密的针迹，适合缝纫有弧度的地方，但针眼过于密集，会影响作品的耐用性，需要注意。

<压脚>

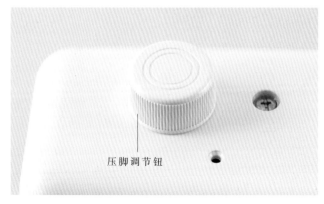

压脚调节钮

可以转动压脚调节钮调节压脚给皮革的压力。缝纫薄皮革时压力要小一点（数值较小），厚皮革则大一点（数值较大）。如果给皮革的压力过大，反面容易出现送布牙的痕迹。

缝直线的小窍门

使用正确的压脚和规尺，可以缝出漂亮的直线。

< 边缘压脚2.5 mm >

右边的脚和皮革边缘对齐，保持一定的距离缝合。

< 引线板 >

根据想要缝的宽度，依靠磁铁的力量把它安装在针板上。

< 直线压脚2 mm >

入针孔距离边缘2 mm。方便小范围转向，压脚较窄，送皮革时的力度较轻。

< 特氟龙压脚2.5 mm >

利用行差缝合时很方便。贴着皮革的部分是特氟龙树脂材质的，非常顺滑。

回针缝

缝合起点和缝合终点要做回针缝，以免针线散开。

< 缝合起点 >

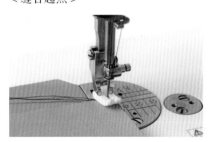

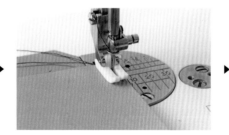

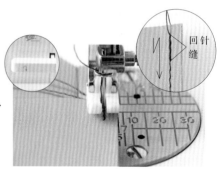

①皮革边缘按照针、压脚的顺序放下。

②缝3针左右，以机针落下的状态停下来。

③压下回针缝杆，一边在步骤②的针眼中落针，一边慢慢回针缝。缝到起点后，再次前进。

< 缝合终点 >

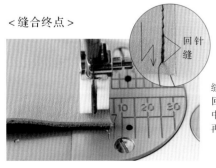

缝到终点时停下来，压下回针缝杆，在同一个针眼中落针，回针缝3针左右。再次前进，缝3针到终点。

处理线头

开始缝合和完成缝合时，都要处理线头。

①缝合后，可以在针迹末端看见线头。

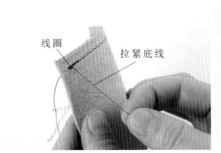

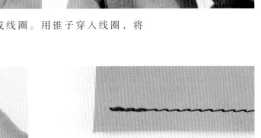

线圈　　　拉紧底线

②将底线拉紧，面线会在反面形成线圈。用锥子穿入线圈，将面线拉出。

③剪断线头，两根线均留2mm左右。

④用打火机烧熔。

⑤线头处理得很完美。

缝纫机针和缝纫机的清理方法

借助双面胶进行假缝时，缝纫机针和缝纫机内部经常会粘上脏东西。
可以用清洁喷雾去除。

＜缝纫机针＞

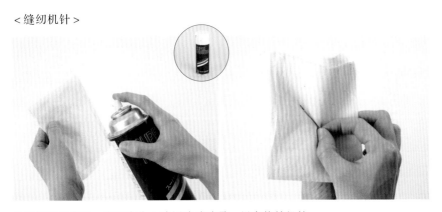

将缝纫机针取下，在零布头上喷洒清洁喷雾，用布擦拭机针。

＜缝纫机内部＞

缝纫机的金属部件上如果沾到了清洁喷雾，用棉布等轻轻擦拭干净即可。树脂部分会溶化，需要注意。

【 金属扣的安装方法 】

铆钉

 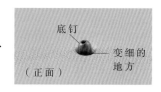 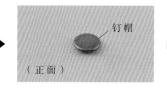 

①用圆孔冲在相应位置打出尺寸适合底钉的孔。

②从反面插入底钉。注意确认底钉上变细的地方要和皮面持平。

③在底钉上套上钉帽。

④下面放上安装座，将安装棒和铆钉对齐，用木槌垂直敲打。敲打至敲不进去为止。

气眼扣

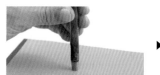 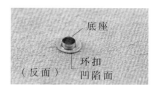 

①用圆孔冲打孔。

②从正面插入气眼扣的底座，套上环扣。环扣的凹陷面朝上。

③下面放上安装座，将安装棒和底座对齐，用木槌垂直敲打。

子母扣

凸扣 凸扣 凹扣 凹扣
座 帽 座 帽

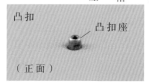   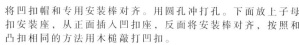

①用圆孔冲打孔，插入凸扣座。

②下面铺上平整的安装垫，将凸扣帽对齐，用木槌垂直敲打。敲打过度的话，凸扣会被敲坏，所以要注意力度。

将凹扣帽和专用安装棒对齐。用圆孔冲打孔。下面放上子母扣安装座，从正面插入凹扣座，反面将安装棒对齐，按照和凸扣相同的方法用木槌敲打凹扣。

磁扣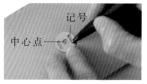

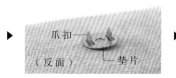 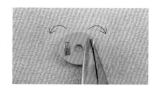

①将磁扣放在安装位置，对齐中心点。用银笔在爪扣位置做个记号。

②用美工刀沿着记号切割。

③从正面插入爪扣，反面套上垫片。

④用钳子将爪折向外侧。

制作方法　　　p.26

名片夹

2

制作方法 | p.58

卡包

3

制作方法 | p.59

眼镜盒

4

制作方法 | p.60
要点课程 **p.34**

方形口金包

5

制作方法 | p.61

半圆形口金包

6

制作方法 —— p.30

拉链扁包

7

制作方法 | p.62

笔盒

8

制作方法 | p.63

手拿包

9

制作方法 | p.64

折叠式硬币包

10

制作方法 | p.65

扇形小钱包

名片夹

【材料】
牛皮革/START II（米色、栗色）约1.1mm厚…
15 cm×22 cm（约6 DS）
#5子母扣（直径13 mm）…1组

【必备工具】
塑料垫板、美工刀、锥子、皮镇、宽3 mm的双面胶、
直径2.5 mm的圆孔冲、子母扣安装棒、不锈钢安装台、
木槌、床面润饰剂、黏合剂、刮板、复印纸、棉签、
碎布头、砂纸

【实物同大纸型】
A面〔1〕1主体、2口袋、3扣襻

【成品尺寸】
10.5 cm×7 cm（折叠状态）

1. 准备必要部件

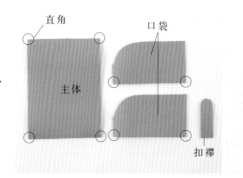

凹扣　　凸扣

凹扣座　凹扣帽　　凸扣座　凸扣帽

直角　　口袋
主体
扣襻

①绘实物同大纸型，制作纸型（参照
　p.9）。

②裁切好1片主体、2片口袋、1片扣襻，准备好子母扣。
　角部保留直角状态，不必修剪。

2．安装子母扣

主体

主体　　扣襻

①将纸型放在裁切好的主体和扣襻上，
　用锥子在安装子母扣的地方做记号。

②用木槌敲打圆孔冲，在记号处打孔。

③在扣襻上安装凹扣。从扣襻正面插入凹扣座，用凹扣安装棒安装凹扣帽。下面放上安装座，将凹扣帽嵌到安装棒上，用木槌敲打安装棒安装。

④扣襻上安装好了凹扣。

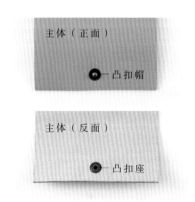

⑤从主体反面插入凸扣座，在正面盖上凸扣帽。安装台平整的一面朝上铺在下面，将凸扣安装棒与凸扣对齐，用木槌敲打安装。

⑥主体上安装好了凸扣。

3. 缝上扣襻

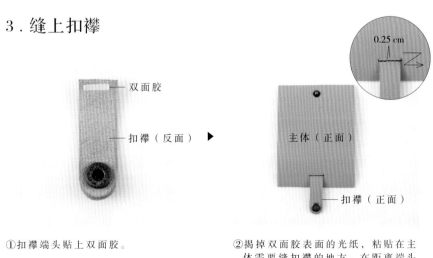

①扣襻端头贴上双面胶。

②揭掉双面胶表面的光纸，粘贴在主体需要缝扣襻的地方。在距离端头0.25 cm的地方缝一道线，缝三遍。

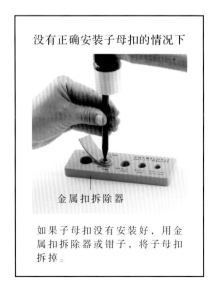

没有正确安装子母扣的情况下

如果子母扣没有安装好，用金属扣拆除器或钳子，将子母扣拆掉。

4.粘贴口袋

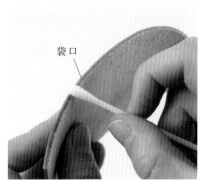

①在粘贴口袋之前，先用润饰剂打磨袋口的边缘（参照p.11）。

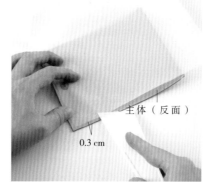

②在主体粘贴口袋的地方涂上黏合剂。在距离边缘0.3 cm的内侧，用复印纸等遮住，然后用刮板涂抹。

③涂好了黏合剂。稍微放一会儿，等黏合剂干燥。

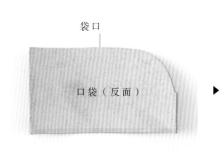

④口袋在除袋口之外的三边都涂上黏合剂。

⑤黏合剂干燥后，将主体和口袋对齐，使其粘贴在一起。

⑥从正面确认一下黏合剂是否从边缘溢出。如果溢出，用美工刀修整一下。

5.缝口袋

①从正面机缝，因此要事先在口袋位置做上记号。在距离边缘0.25 cm的内侧，用锥子扎孔，使正面也能明确口袋两端和角的位置。

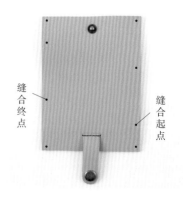

②记号做好了。

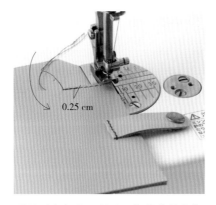

0.25 cm

③主体正面朝上，和步骤②的记号对齐，落针缝合。起点要回针缝3针左右。使用2.5 mm的边缘压脚。

④缝到角部的记号后，保持落针的状态抬起压脚，将主体转动90°，换方向继续缝。

⑤注意不要缝到扣襻，掀起扣襻缝。

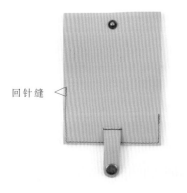

回针缝

主体（反面）　主体（正面）

6 . 打磨边缘

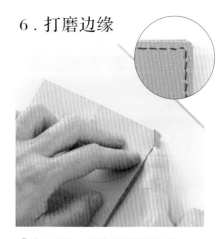

⑥缝到步骤②的记号处，终点也回针缝3针左右。

⑦另一侧的口袋也按照相同方法缝合。线头的处理方法参照p.16。

①放上纸型，用美工刀削去尖角。

7 . 完成

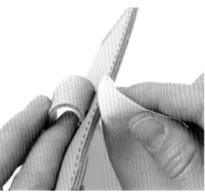

②打磨主体四周的边缘（参照p.11）。注意掀起扣襻，不要让它沾上润饰剂。

名片夹做好了。

6 拉链扁包

【材料】
牛皮革/新型彩革（银色）约1.1 mm厚…25 cm×35 cm
（约12 DS）
金属拉链No.3…1条长18 cm

【必备工具】
塑料垫板、美工刀、宽3 mm和5 mm的双面胶、皮辊、
锥子、小夹子

【实物同大纸型】
A面〔6〕1主体

【成品尺寸】
19.5 cm×13.5 cm

1. 准备必要部件

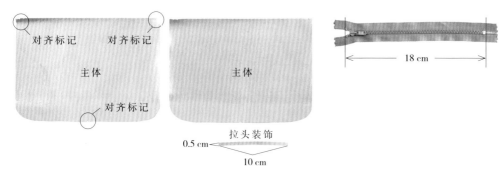

裁切好2片主体、1片拉头装饰（0.5 cm×10 cm）。准备1条调节为所需长度
的拉链（参照p.55）。主体上在缝份边缘做记号。

2. 处理拉链端头

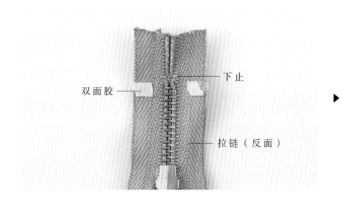

①在拉链下止的两端粘贴双面胶。

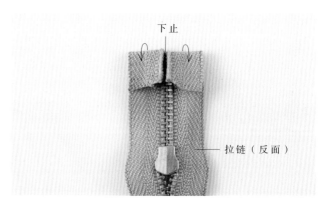

②将下止端头折向反面。

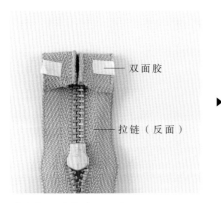

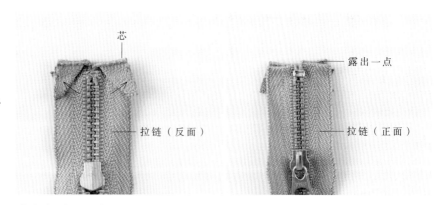

③在折叠处粘贴双面胶。

④将端头折成三角形。为避免过厚，在折叠时露出外面一点。上止也按照相同方法折叠。

3. 折叠包口

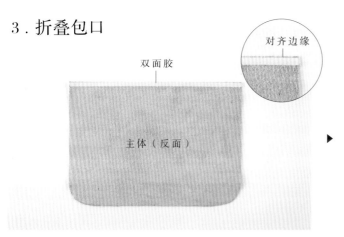

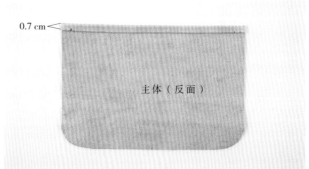

①在主体的包口粘贴宽5 mm的双面胶。将双面胶和缝份边缘对齐。

②将包口的缝份折叠，粘贴好。

要点　包口的折叠方法（折边）

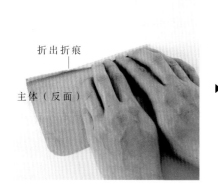

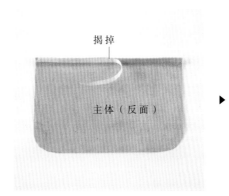

①粘贴上双面胶，不要揭开光纸，沿着双面胶边缘折出折痕。

②揭掉光纸。

③沿着步骤①的折痕折叠并粘贴。用皮辊压实，缝份会很漂亮。

4．安装拉链

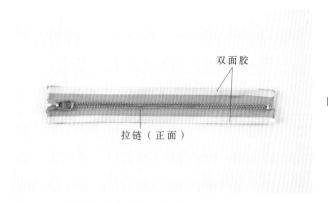

双面胶

拉链（正面）

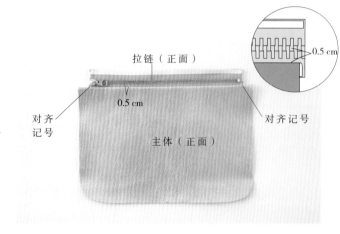

拉链（正面）

对齐记号

0.5 cm

主体（正面）

对齐记号

0.5 cm

①在拉链正面两边粘贴宽5 mm的双面胶。

②揭开光纸，对齐主体上做的拉链记号，在距离拉链中心0.5 cm处粘贴主体。

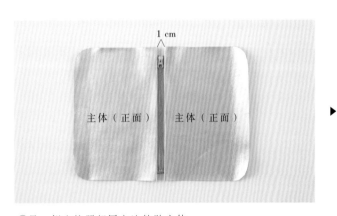

1 cm

主体（正面）　主体（正面）

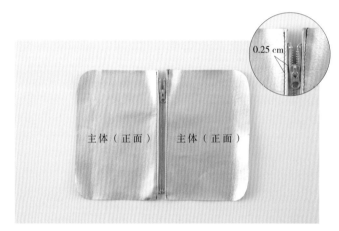

0.25 cm

主体（正面）　主体（正面）

③另一侧也按照相同方法粘贴主体。

④从主体正面机缝压线，安装上拉链。

要点　拉链的缝合方法

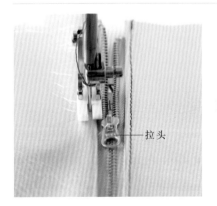

拉头

抬起压脚

落下压脚

①将拉链拉开一半，从端头开始缝。在拉头前面落针，以此状态停下。

②抬起压脚，将拉头向后拉一点。

③落下压脚，继续缝合。

5．缝合主体

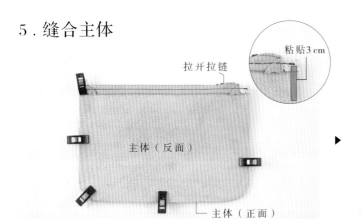

粘贴3cm

拉开拉链

主体（反面）

主体（正面）

①将主体正面相对对齐，用夹子固定。拉链稍微拉开一点。缝合起点，用宽3mm的双面胶粘贴3cm左右，这样不容易缝偏。

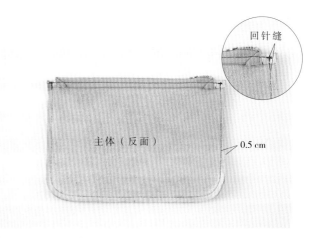

回针缝

主体（反面）

0.5cm

②留0.5cm缝份缝合主体周围。缝合起点和终点回针缝3针左右。

6．完成

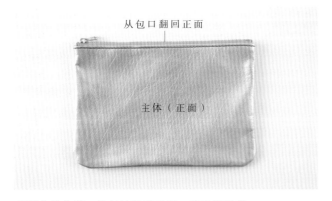

从包口翻回正面

主体（正面）

③将拉链拉开，从包口翻到正面，整理好形状。

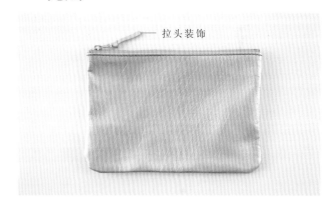

拉头装饰

在拉头上系上装饰，完成。

要点　拉头装饰的连接方法

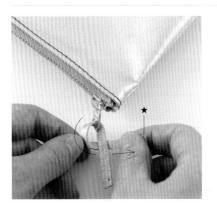

①将装饰穿入拉头上的圆孔。一端拉长一点，按照图示交叉。

②将端头插入交叉形成的皮圈中。

③拉紧端头，整理好形状。装饰系好了。

4 方形口金包 口金的安装方法

因为想在黏合剂干燥之前安装口金，
所以要搞清楚安装顺序，做好准备再动手。

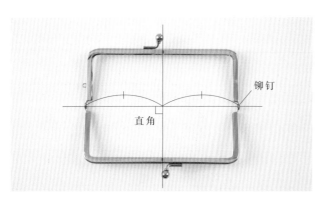

①在口金的内侧中央粘贴遮蔽胶带，在两侧铆钉之间距离的
1/2处，用遮蔽胶带做个记号。

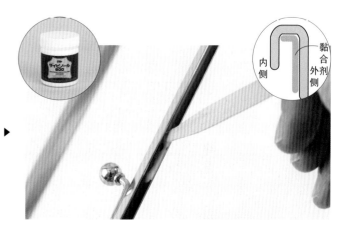

②用竹签或竹片在口金槽中涂上黏合剂（600号白胶），均
匀地涂抹在上面。

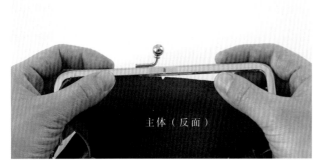

③将主体和口金中心对齐，插入口金槽。注意不要搞错口金
的方向。

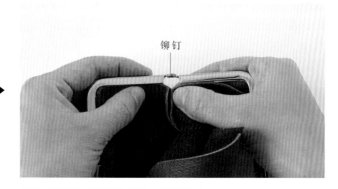

④主体的侧面和铆钉对齐，插到槽里。

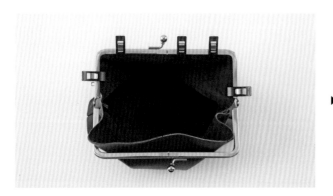

⑤为避免主体偏离，用夹子临时夹住固定，同时向口金角插
入。

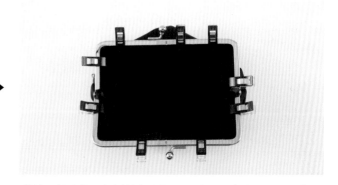

⑥另一侧也按照相同的方法插入。从正面确认一下，主体是
否牢固地插入了口金槽，左右是否对称。

主体（反面）

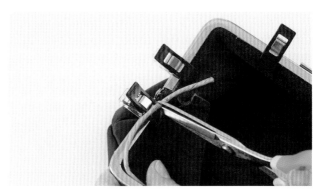

纸绳   主体

⑦准备一条比口金周长稍长的纸绳，用专用工具或平口螺丝
　刀将其塞入口金中心。

⑧将纸绳和口金对齐，裁剪得比口金端头稍微短一些。

⑨从中心到角，从侧面到角，将纸绳塞入口金槽。另一侧也
　按照相同方法操作。

⑩纸绳塞好了。

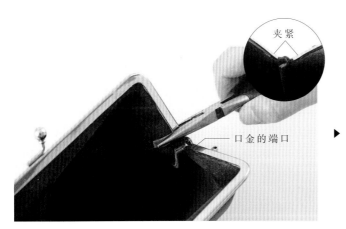

夹紧

口金的端口

⑪用平口钳夹住口金端口，将其夹紧。用双面胶在平口钳上
　粘贴皮革边角料，在夹的时候不会损伤口金。另外三处也
　按照相同方法夹紧。

⑫口金安装好了。在黏合剂干燥之前，不要打开口金。

制作方法 　 p.50

小托特包

为便于缝合，缝份设计到最小程度。还设计了一个内口袋，很方便。

手提很合适，大小恰到好处。

12

制作方法　p.66

大托特包

13

制作方法　p.67

纵向托特包

款式简单，男女通用。

这种比较窄、比较深的托特包，很方便放A4纸大小的文件。

拼接托特包

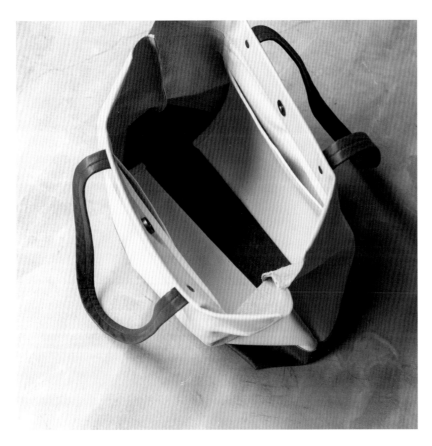

两边均设计了内口袋。
袋口利用磁扣开闭。

温润的皮革包，背着很合适，一点也不觉得累。

15

制作方法 ____ p.70

斜挎包

16

制作方法 | p.71

束口包

17

制作方法 | p.72

晚装包

18

制作方法 ┃ p.74

单肩包

19

制作方法 ┊ p.76

两用包

肩挎，看起来很稳重。

将提手在D形环里折回来，就成了手提包。

20

制作方法 p.78

要点课程 p.54

帆布包

双肩背时，包口自然而然地就合上了。

将两边扣在一起，就变成了小包。

设计有帆布内袋，非常方便。

11 小托特包

彩图 ▶ p.36

【材 料】
牛皮革/彩革Barchetta约1.7 mm厚…70 cm×65 cm（约49 DS）
大铆钉（钉帽直径9 mm、底钉长8.5 mm）…8组

【必备工具】
塑料垫板、美工刀、宽5 mm的双面胶、皮辊、锥子、小
夹子、直径2.5 mm的圆孔冲、大铆钉安装座、大铆钉安
装棒、木槌、床面润饰剂、棉签、碎布头、砂纸、银笔

【实物同大纸型】
A面〔11〕1主体、2提手、3口袋

【成品尺寸】
31 cm×18.5 cm×11 cm（不含提手）

1.准备必要部件

裁切好1片主体、2片提手、1片口袋。提
手和主体在铆钉位置用锥子做上记号。
预先打磨好主体的侧面和包口、口袋的
边缘，成品会非常美观（参照p.11）。

打磨边缘

打磨边缘   打磨边缘

主体

对折

铆钉（底钉）   铆钉（钉帽）

提手

口袋

打磨边缘

2. 制作提手

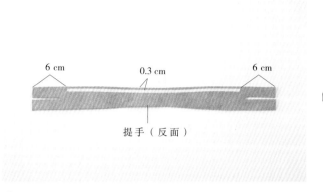

6 cm   0.3 cm   6 cm

提手（反面）

①在提手两端剪开长6 cm的小口，在距离边缘0.3 cm内侧粘贴宽5 mm的双面胶。

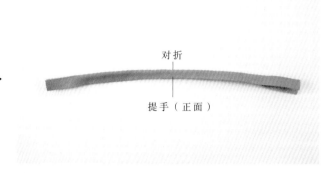

对折

提手（正面）

②揭掉光纸，反面相对对齐并粘贴好。

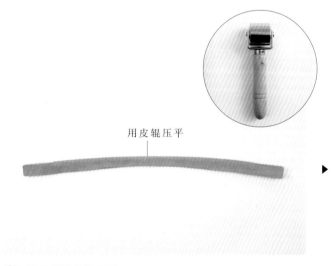

用皮辊压平

③沿着折痕用皮辊压平。

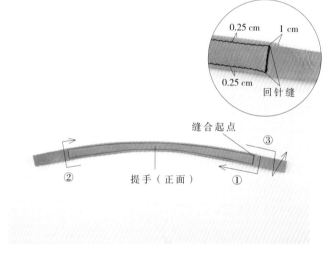

0.25 cm   1 cm

0.25 cm

回针缝

缝合起点

③

②   提手（正面）   ①

④在提手四周机缝。短边在剪口内侧1 cm处机缝，长边在边缘内侧0.25 cm处机缝。终点在短边回针缝。

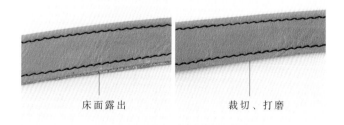

床面露出   裁切、打磨

⑤提手边缘，如果露出了床面，用美工刀裁切掉。如果比较介意边缘分层或起毛的感觉，可以打磨一下。按照同样的方法再制作一根提手。

3．缝合口袋

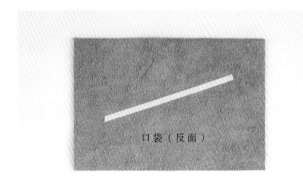

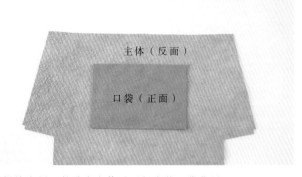

①在口袋皮革上粘贴双面胶。为便于后期揭掉光纸，粘在中心靠上的地方。

②揭掉光纸，粘贴在主体反面相应的口袋位置。

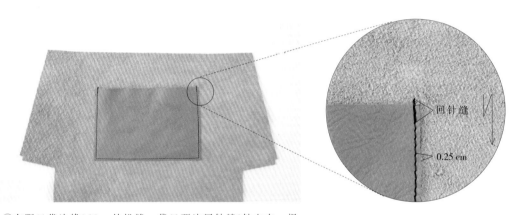

③在距口袋边缘0.25 cm处机缝。袋口两边回针缝3针左右。揭掉双面胶。

4．缝合侧边

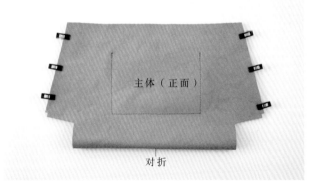

①将主体反面相对对齐折好，侧边用夹子夹好固定。

②留0.5 cm缝份缝合侧边。

5．缝合底角

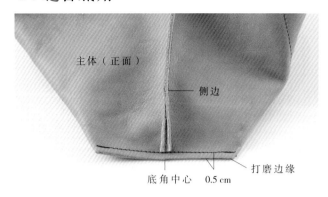

主体（正面）

侧边

底角中心　0.5 cm

打磨边缘

将侧边和底角中心对齐，留0.5 cm缝份缝合。打磨边缘。

6．缝合提手

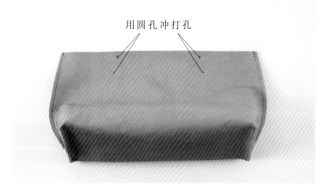

用圆孔冲打孔

①在主体安装铆钉位置用圆孔冲打8个孔。逐个打孔。

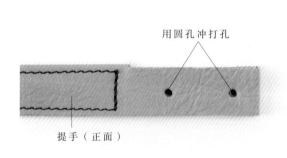

用圆孔冲打孔

提手（正面）

②在提手安装铆钉位置用圆孔冲打孔。提手2片一起打孔。

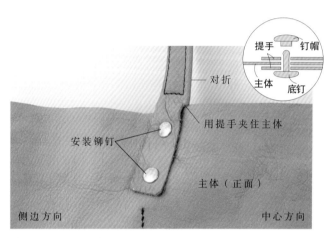

对折

提手　钉帽
主体　底钉

用提手夹住主体

安装铆钉

主体（正面）

侧边方向　　　　　　　　　　　　　中心方向

③用提手夹住主体的包口，安装上铆钉（参照p.17）。提手
要安装在折痕靠向中心的地方。注意提手的方向，不要扭
住了。

7．完成

小托特包制作好了。

20 帆布包肩带的制作方法

使用可以调节肩带长短的针扣，制作肩带。

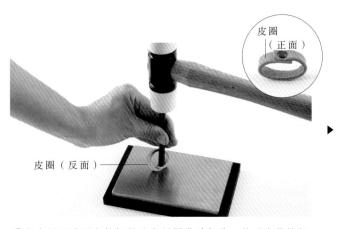

①在皮圈两端固定铆钉的地方用圆孔冲打孔，然后安装铆钉。

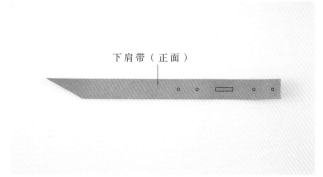

②下肩带上，在铆钉位置和细长孔处做上记号。

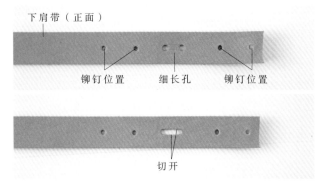

③下肩带上，在铆钉位置用圆孔冲打孔。细长孔先在两端打孔，然后用美工刀将圆孔之间的部分切掉。

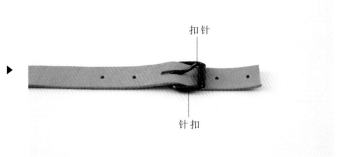

④将针扣穿在下肩带上，扣针从细长孔中穿过。

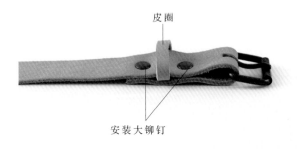

⑤套上皮圈，将下端折叠起来，用大铆钉固定住。

⑥将上肩带扣在针扣上，肩带完成。

要点课程

调整拉链长度

调整拉链长度，可以在购买拉链的杂货店里解决，也可以自行解决。

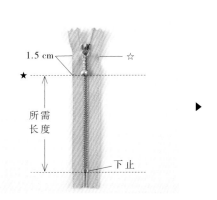

①从下止开始测量所需长度，画上记号（★）。在距离记号 1.5 cm 处再画个记号（☆），这是直接裁剪的位置。

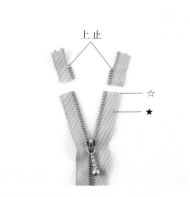

②在拉链端头记号处（☆）裁剪。

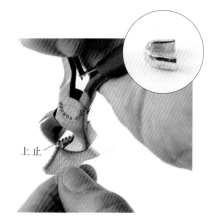

③裁剪后，用钳子摘掉上止。这个上止之后还要用，所以摘掉的时候要小心点。

④从第一个链齿开始，一直到记号（★）为止，用钳子逐个剪断链齿就可以摘去了。摘去链齿时，注意不要损坏布带。

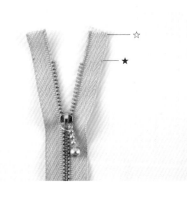

⑤链齿摘好了。

⑥将步骤③中摘去的上止重新安上去，用平口钳夹紧，使上止和链齿完美吻合。

⑦拉链的长度调整好了。剪断的地方用打火机稍微烧一下，不容易绽线。

河南科学技术出版社
精品图书推荐

制作方法

※图示中表示长度的数字的单位是厘米（cm）。

＜关于材料＞
● 材料中皮革的尺寸，按照长×宽来表示。
● 皮革标记了厚度，不同的皮革在使用时可以参考。
● 书中标记的必要尺寸略有宽裕，可根据所用的皮革特性微调一下。
● 如果没有合适长度的拉链，可以使用稍长的拉链，然后按照p.55中的方法调整长度。
● 铆钉底钉的长度，要根据安装位置的厚度来选择。
● 安装铆钉和子母扣等时，根据下表来选择合适的圆孔冲打孔。

金属扣的尺寸和圆孔冲的直径对照表

金属扣的尺寸	适用圆孔冲的直径
大铆钉（钉帽直径9 mm） 底钉的长度…11.5 mm/8.5 mm/7 mm	2.5 mm
小铆钉（钉帽直径6 mm） 底钉的长度…9 mm/7.5 mm/6 mm	2.5 mm
#5 子母扣（直径13 mm）	2.5 mm
#7050 子母扣（直径15 mm）	3.5 mm
#300 气眼扣（外径9 mm、内径5 mm）	4.0 mm

＜关于纸型＞
● 附赠的实物同大纸型包含缝份。
● 纸型A面包括A_1面和A_2面，B面包括B_1面和B_2面。
● 部分纯直线部件没有纸型，按照制作方法页中的尺寸，直接在皮革上画线裁切即可。
尺寸包含缝份。

＜使用成品皮具的注意事项＞
● 皮革和衣物等频繁摩擦会变色，需要注意。

2 卡包

彩图 ▶ p.19

【实物同大纸型】
A面〔2〕1主体

【材料】
· 牛皮革/PIANO皮革（自然色）约1.3 mm厚···
  20 cm×15 cm（约4 DS）
· #300气眼扣（内径0.5 cm）···1个
· 直径0.2 cm的圆皮绳···50 cm

【成品尺寸】
9 cm×10.3 cm

部件纸型

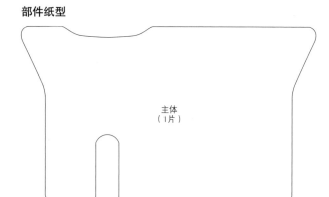

主体
（1片）

1 将主体反面相对对齐缝L形针迹

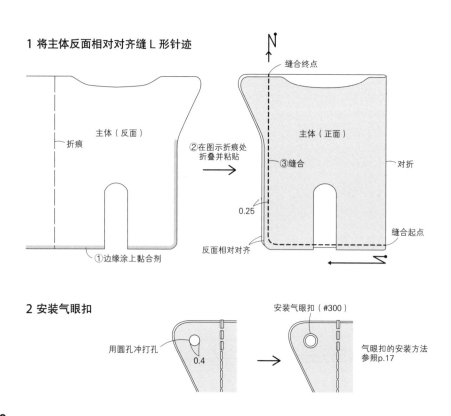

主体（反面）

折痕

①边缘涂上黏合剂

②在图示折痕处折叠并粘贴

缝合终点

主体（正面）

③缝合

对折

0.25

反面相对对齐

缝合起点

2 安装气眼扣

用圆孔冲打孔

0.4

安装气眼扣（#300）

气眼扣的安装方法
参照p.17

3 穿上圆皮绳并打结

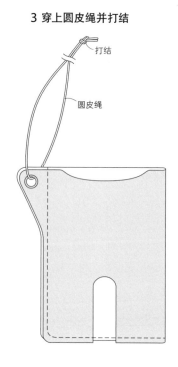

打结

圆皮绳

3 眼镜盒

彩图 ▶ p.20

【实物同大纸型】
A面〔3〕1主体

【成品尺寸】
16.5 cm × 6.5 cm × 3 cm

【材 料】
· 牛皮革/PIANO皮革（橄榄绿色）约1.3 mm厚…
  30 cm × 27 cm（约9 DS）
· #5子母扣（直径13 mm）…2组
· 小铆钉（钉帽直径6 mm、底钉长6 mm）…4组

部件纸型

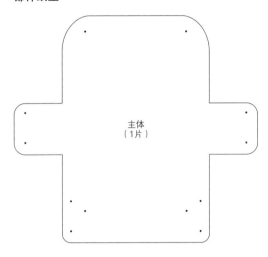

1 敲打出铆钉孔和子母扣孔

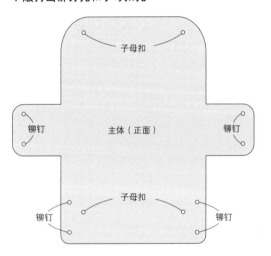

2 在周围机缝

3 安装子母扣和铆钉

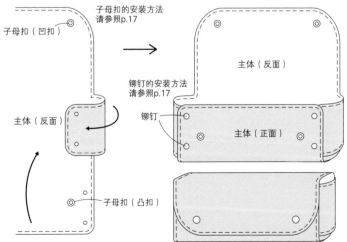

4 方形口金包

彩图 ▶ p.21

【实物同大纸型】
A面〔4〕1主体、2流苏

【成品尺寸】
17.5 cm×11.5 cm×4 cm（不包括口金的扣头）

【材 料】
· 牛皮革/新型彩革（黑色）约1 mm厚…35 cm×35 cm
 （约16 DS）
· 口金15 cm×6 cm（Jasmine F1560）…1个
· 纸绳…适量

部件纸型和尺寸图

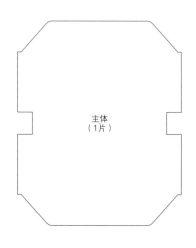

主体（1片）

流苏（1片）

皮绳（1条）
0.5
10

〈流苏的制作方法〉

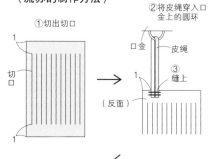

①切出切口
1
切
口
1

②将皮绳穿入口金上的圆环
口金　皮绳
1
③缝上
（反面）

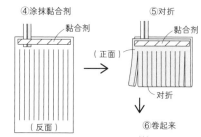

④涂抹黏合剂
黏合剂
（反面）

⑤对折
黏合剂
（正面）
对折

⑥卷起来

1 正面相对对齐并缝合两边

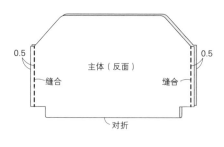

0.5　　　　　　　　　0.5
缝合　　主体（反面）　　缝合
对折

2 缝合底角

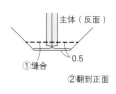

主体（反面）
①缝合　　0.5
②翻到正面

3 缝上口金

※口金的安装方法请参照p.34。

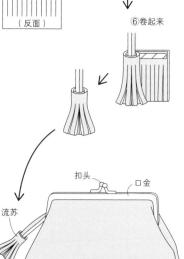

扣头　　口金
流苏

5

彩图 ▶ p.21

半圆形口金包

【实物同大纸型】
A面〔5〕1主体、2流苏、3侧面

【成品尺寸】
16 cm × 14 cm × 7 cm（不包括口金的扣头）

【材料】
· 牛皮革/新型彩革（金色）约1 mm厚…50 cm × 40 cm
（约20 DS）
· 口金 13.5 cm × 5.3 cm（Jasmine F4135）…1个
· 纸绳…适量

部件纸型和尺寸图

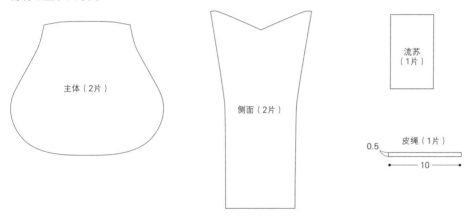

主体（2片）

侧面（2片）

流苏（1片）

0.5　皮绳（1片）　10

1 缝合侧面的底部

正面相对对齐
侧面（反面）
①缝合　0.7

②分开缝份
③从正面在距中间0.25 cm处机缝一道线

2 将主体和侧面正面相对对齐缝合

主体（正面）
正面相对对齐
主体（反面）
0.5
主体（反面）
①将记号对齐并缝合
侧面（反面）

②用双面胶粘贴固定缝份
主体（反面）
侧面（反面）
③在距中间0.25 cm处机缝
※只有主体是从正面机缝。

3 安装口金

※口金的安装方法请参照p.34。

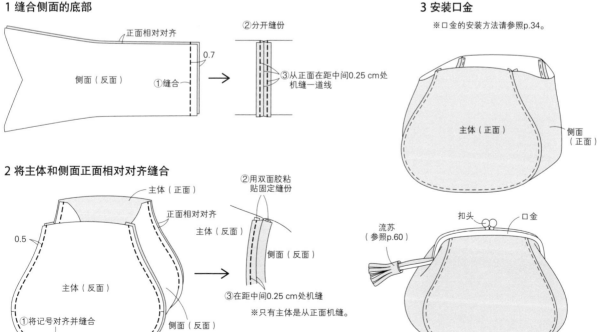

主体（正面）
侧面（正面）

扣头　口金
流苏（参照p.60）

7

彩图 ▶ p.23

笔盒

【实物同大纸型】
A面〔7〕1主体

【材料】
· 山羊革/卡普丽莎（#73 虾红色）1~1.2 mm厚…
　30 cm×25 cm（约9 DS）
· No.3金属拉链…1条长20 cm

【成品尺寸】
19 cm×6 cm×4 cm

部件纸型和尺寸图

主体（2片）

拉头装饰（1片）
0.5
10

1 安装拉链

※拉链的安装方法见p.30~p.32。

主体（正面）

拉链（正面）

主体（正面）

1
0.25
0.7

2 将主体正面相对对齐，缝合侧边和底部

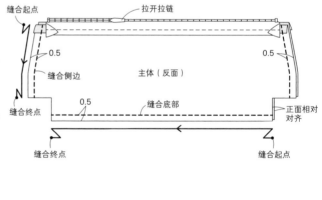

缝合起点
拉开拉链
0.5
0.5
缝合侧边
主体（反面）
缝合终点
0.5
0.5
缝合底部
正面相对对齐
缝合终点
缝合起点

3 缝合底角

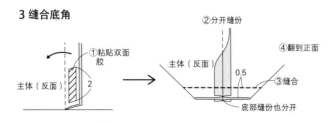

①粘贴双面胶
主体（反面）
2

②分开缝份
主体（反面）
④翻到正面
0.5
③缝合
底部缝份也分开

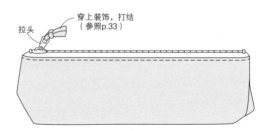

拉头
穿上装饰，打结
（参照p.33）

8 手拿包

彩图 ▶ p.23

【实物同大纸型】
A面〔8〕1主体

【成品尺寸】
18 cm × 11 cm × 5 cm

【材料】
· 牛皮革/新型彩革（#1023深绿色）约1 mm厚…
  30 cm × 35 cm（约12 DS）
· No.3金属拉链…1条长21.5 cm

部件纸型和尺寸图

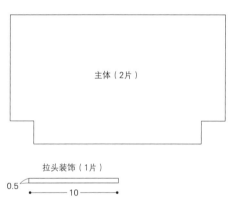

主体（2片）

拉头装饰（1片）

0.5   10

1 安装拉链

※拉链的安装方法见p.30~p.32。

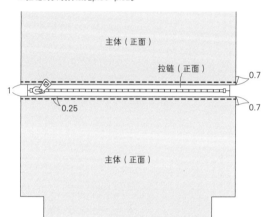

主体（正面）

拉链（正面）

0.7

1

0.25

0.7

主体（正面）

2 将主体正面相对对齐，缝合侧边和底部

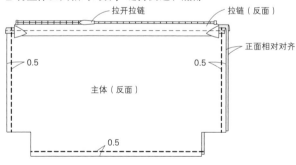

拉开拉链   拉链（反面）

0.5   0.5   正面相对对齐

主体（反面）

0.5

3 缝合底角

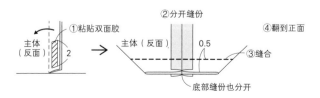

①粘贴双面胶   ②分开缝份   ④翻到正面

主体（反面）   2   主体（反面）   0.5   ③缝合

底部缝份也分开

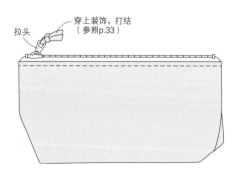

拉头   穿上装饰，打结
（参照p.33）

9

彩图 ▶ p.24

折叠式硬币包

【实物同大纸型】
A面〔9〕1主体、2包盖内衬

【成品尺寸】
7.5 cm × 7.5 cm（折叠状态）

【材 料】（1个用量）
· 牛皮革/D基础革（深棕色、驼色）约1.2 mm厚···
　25 cm × 25 cm（约9 DS）
· #5子母扣（直径13 mm）···1组

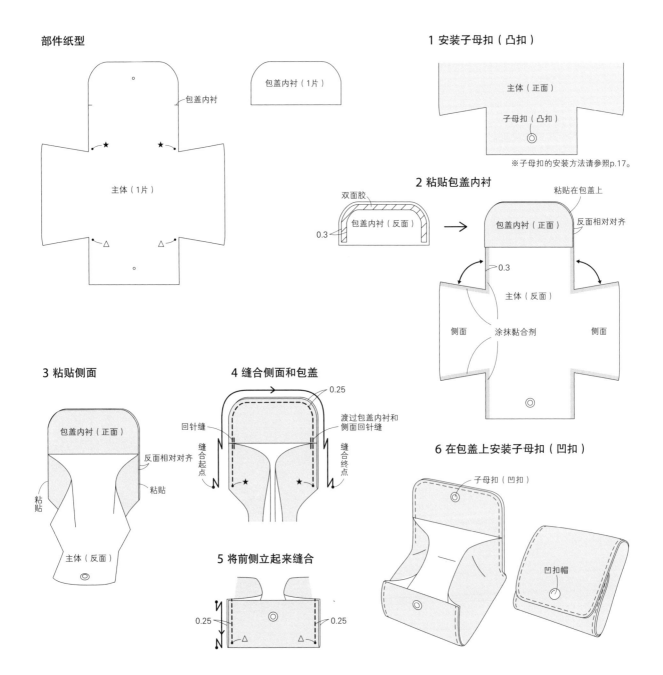

部件纸型

包盖内衬（1片）

包盖内衬

主体（1片）

1 安装子母扣（凸扣）

主体（正面）

子母扣（凸扣）

※子母扣的安装方法请参照p.17。

2 粘贴包盖内衬

双面胶

包盖内衬（反面）

0.3

粘贴在包盖上

包盖内衬（正面）

反面相对对齐

0.3

主体（反面）

侧面　涂抹黏合剂　侧面

3 粘贴侧面

包盖内衬（正面）

反面相对对齐

粘贴

粘贴

主体（反面）

4 缝合侧面和包盖

0.25

回针缝

缝合起点

渡过包盖内衬和侧面回针缝

缝合终点

5 将前侧立起来缝合

0.25　0.25

6 在包盖上安装子母扣（凹扣）

子母扣（凹扣）

凹扣帽

10 扇形小钱包

彩图 ▶ p.25

【实物同大纸型】
A面〔10〕1主体

【成品尺寸】
10.5 cm × 10 cm

【材 料】
· 牛皮革/卡瑞娜（深棕色）约1.7 mm厚…25 cm × 28 cm（约9 DS）
· No.3金属拉链…1条长17 cm

部件纸型和尺寸图

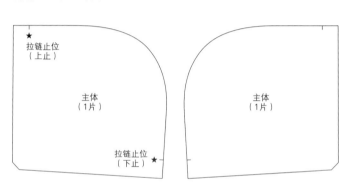

拉链止位
（上止）
★
主体
（1片）

主体
（1片）

拉链止位
（下止）★

拉头装饰（1片）
0.5
10

1 安装拉链

※拉链的安装方法见
p.30~p.32。
（注意不折叠包口）

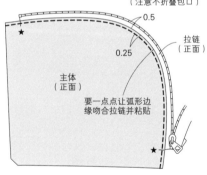

0.5
0.25
拉链
（正面）
★
主体
（正面）

要一点点让弧形边
缘吻合拉链并粘贴

★

※拉链另一侧同样粘贴
在另一片主体上。

2 正面相对对齐缝合两边

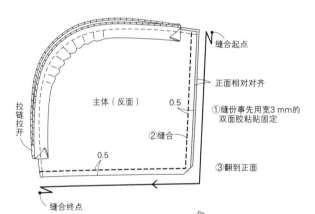

缝合起点
正面相对对齐
①缝份事先用宽3 mm的
双面胶粘贴固定
②缝合
③翻到正面
主体（反面）
0.5
拉链拉开
0.5
缝合终点

3 给拉头连接装饰

拉头

12 大托特包

彩图 ▶ p.38

【实物同大纸型】
A面〔12〕1主体、2提手、3口袋

【材料】
- 牛皮革/彩革Barchetta（棕色）约1.7 mm厚···
  110 cm × 65 cm（约77 DS）
- 大铆钉（钉帽直径9 mm、底钉长8.5 mm）···8组

【成品尺寸】
35 cm × 29.5 cm × 15 cm（不含提手）

部件纸型

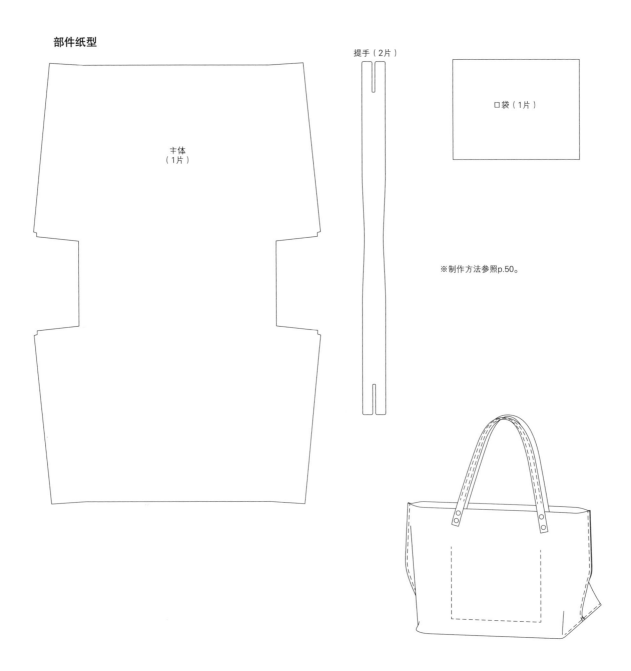

主体
（1片）

提手（2片）

口袋（1片）

※制作方法参照p.50。

13 纵向托特包

彩图 ▶ p.38

【实物同大纸型】
A面〔13〕1主体、2提手、3口袋

【成品尺寸】
29 cm×33 cm×9 cm（不含提手）

【材 料】
· 牛皮革/彩革Barchetta（棕色）约1.7 mm厚…
　110 cm×55 cm（约60 DS）
· 大铆钉（钉帽直径9 mm、底钉长8.5 mm）…8组

部件纸型

主体
（1片）

提手（2片）

口袋
（1片）

※制作方法参照p.50。

14 拼接托特包

彩图 ▶ p.40

【实物同大纸型】
A面〔14〕1主体、2包底

【成品尺寸】
34 cm×30 cm×15 cm（不含提手）

【材料】
- 牛皮革/新型彩革（#1048 深灰色）约1 mm厚…65 cm×45 cm（约35 DS）
- 牛皮革/新型彩革（#1004 米色）约1 mm厚…55 cm×65 cm（约42 DS）
- 11号帆布…55 cm×55 cm
- 厚0.6 mm的皮衬（粘贴式）…20 cm×10 cm
- 磁扣（直径1.8 cm）…1组
- 大铆钉（钉帽直径9 mm、底钉长8.5 mm）…4组
- 宽2.2 cm的包边带…100 cm

部件纸型和尺寸图

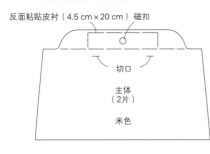

反面粘贴皮衬（4.5 cm×20 cm） 磁扣

切口

主体（2片） 米色

包底（1片） 深灰色

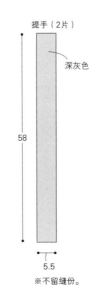

提手（2片）

深灰色

58

5.5

※不留缝份。

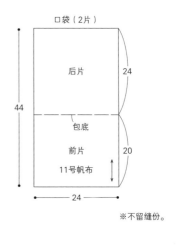

口袋（2片）

后片 24

包底

前片 20

11号帆布

44

24

※不留缝份。

1 制作口袋

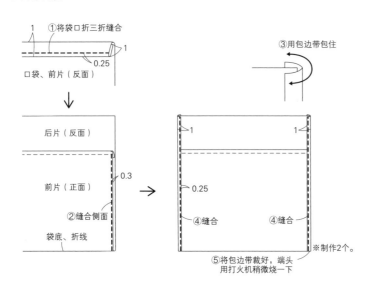

①将袋口折三折缝合

0.25

口袋、前片（反面）

③用包边带包住

后片（反面）

前片（正面） 0.3

②缝合侧面

袋底、折线

0.25

④缝合 ④缝合

⑤将包边带裁好，端头用打火机稍微烧一下

※制作2个。

2 制作提手

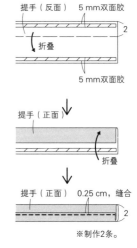

提手（反面） 5 mm双面胶

折叠

5 mm双面胶

提手（正面）

折叠

提手（正面） 0.25 cm，缝合

※制作2条。

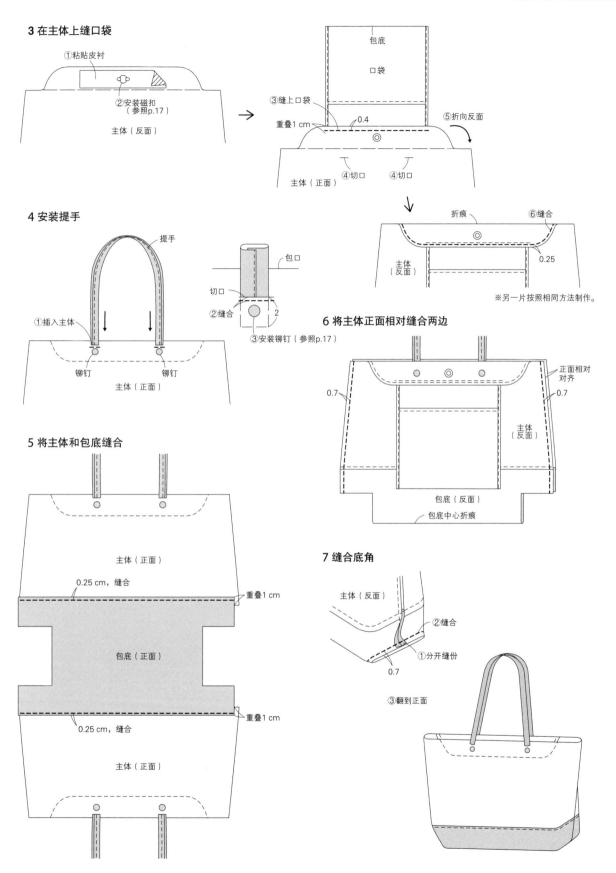

3 在主体上缝口袋

①粘贴皮衬

②安装磁扣
（参照p.17）

主体（反面）

包底

口袋

③缝上口袋

重叠1cm

0.4

主体（正面）　④切口　④切口

⑤折向反面

折痕　⑥缝合

主体（反面）

0.25

※另一片按照相同方法制作。

4 安装提手

提手

①插入主体

铆钉　铆钉

主体（正面）

包口

切口

②缝合

③安装铆钉（参照p.17）

2

6 将主体正面相对缝合两边

0.7

正面相对对齐

0.7

主体（反面）

包底（反面）

包底中心折痕

5 将主体和包底缝合

主体（正面）

0.25 cm，缝合

重叠1cm

包底（正面）

重叠1cm

0.25 cm，缝合

主体（正面）

7 缝合底角

主体（反面）

②缝合

①分开缝份

0.7

③翻到正面

15

彩图 ▶ p.42

斜挎包

【实物同大纸型】
B面〔15〕1主体

【成品尺寸】
20 cm × 22 cm（不含肩带）

【材 料】
牛皮革/无铬彩革（米色）约1.2 mm厚…50 cm × 35 cm
（约20 DS）
#7050子母扣（直径15 mm）…1组
直径0.3 cm的皮绳…142 cm

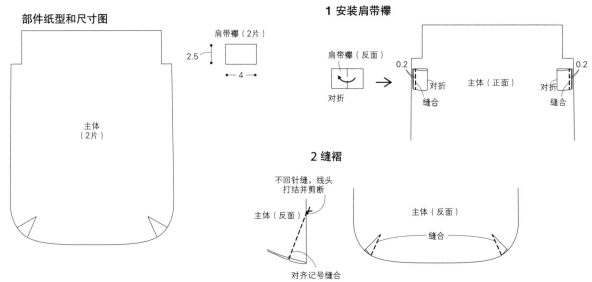

部件纸型和尺寸图

肩带襻（2片）

2.5

4

主体
（2片）

1 安装肩带襻

肩带襻（反面）

对折

0.2   0.2

对折   主体（正面）   对折

缝合   缝合

2 缝褶

不回针缝，线头
打结并剪断

主体（反面）   主体（反面）

缝合

对齐记号缝合

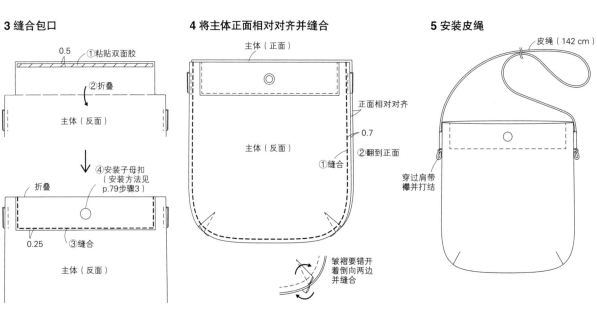

3 缝合包口

0.5   ①粘贴双面胶

②折叠

主体（反面）

折叠

④安装子母扣
（安装方法见
p.79步骤3）

0.25   ③缝合

主体（反面）

4 将主体正面相对对齐并缝合

主体（正面）

主体（反面）

正面相对对齐

0.7

①缝合

②翻到正面

皱褶要错开
着倒向两边
并缝合

5 安装皮绳

皮绳（142 cm）

穿过肩带
襻并打结

16 束口包

彩图 ▶ p.43

【实物同大纸型】
B面〔16〕1主体、2包底、3流苏

【材 料】
· 牛皮革/无铬彩革（黑色）约1.2 mm厚…
  55 cm×60 cm（约36 DS）
· 直径0.2 cm的圆皮绳…2条各150 cm

【成品尺寸】
包底直径17 cm、高24 cm（不含肩带）

部件纸型

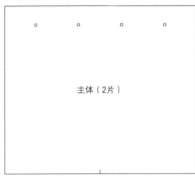

主体（2片）

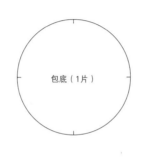

包底（1片）

流苏（2片）

1 打皮绳用的孔

0.4　用圆孔冲打孔

主体（正面）

2 缝合两侧

主体（正面）　　　正面相对对齐

0.7　　　　　　　　　0.7

主体（反面）

缝合两侧　　　　缝合两侧

3 将主体和包底缝合

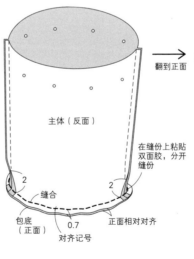

主体（反面）

2　　　　　　　2

缝合

在缝份上粘贴双面胶，分开缝份

包底（正面）　　0.7　　正面相对对齐

对齐记号

翻到正面

4 皮绳错开着穿进去

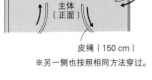

主体（正面）

皮绳（150 cm）

※另一侧也按照相同方法穿过。

5 在皮绳端头连接流苏
※制作方法请参照p.60。

流苏

17 晚装包

彩图 ▶ p.44

【实物同大纸型】
B面〔17〕1主体前片、2主体后片、3口袋

【材料】
· 牛皮革/PIANO皮革（褐色）约1.3 mm厚…80 cm×
　55 cm（约48 DS）
· 装饰提手环（角田商店/D40）…1组

【成品尺寸】
35.5 cm×39.5 cm（延展状态）

部件纸型

提手孔

主体前片（1片）

提手孔

主体后片（1片）

口袋（1片）

1 挖提手孔

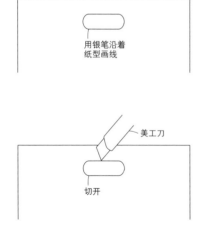

用银笔沿着
纸型画线

美工刀

切开

2 安装内口袋

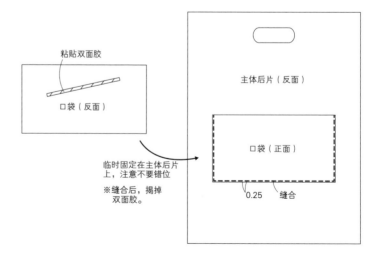

粘贴双面胶

口袋（反面）

主体后片（反面）

临时固定在主体后片
上，注意不要错位

※缝合后，揭掉
双面胶。

口袋（正面）

0.25　缝合

3 将主体前片和主体后片缝合

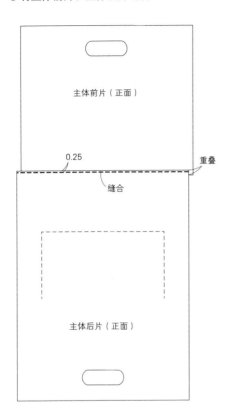

主体前片（正面）

0.25

重叠

缝合

主体后片（正面）

4 将主体正面相对对齐，缝合两侧

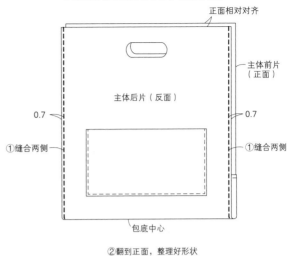

正面相对对齐

主体后片（反面）

主体前片（正面）

0.7

0.7

①缝合两侧

①缝合两侧

包底中心

②翻到正面，整理好形状

5 安装提手环

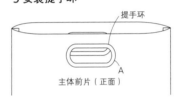

提手环

A

主体前片（正面）

〈 装饰提手环的安装方法 〉

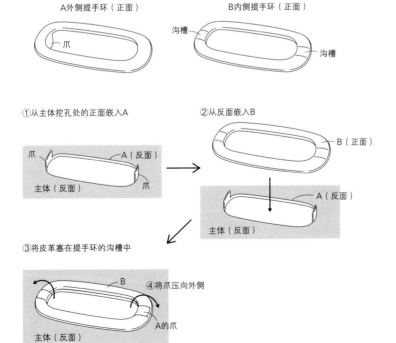

A外侧提手环（正面）

B内侧提手环（正面）

爪

沟槽

沟槽

①从主体挖孔处的正面嵌入A

爪

A（反面）

主体（反面）

爪

②从反面嵌入B

B（正面）

A（反面）

主体（反面）

③将皮革塞在提手环的沟槽中

B

④将爪压向外侧

主体（反面）

A的爪

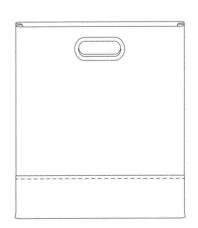

18 单肩包

【实物同大纸型】

B面〔18〕1主体前片上、2主体前片下、3主体后片 主体里衬、4拉链贴边、5侧边、6前口袋、7环襻、8皮圈、9拉头装饰

【成品尺寸】

21 cm×24.5 cm×6.5 cm

【材料】

· 牛皮革/软皮革（黑色）约0.8 mm厚…65 cm×55 cm（约42 DS）
· 牛皮革/原色软皮革（黑色）约2 mm厚…125 cm×15 cm（约26 DS）
· 斜纹棉布…75 cm×65 cm
· No.5双头金属拉链…1条长28.5 cm
· 宽2.2 cm的包边带…175 cm
· 口形环（内径2.1 cm）…2个
· 针扣（内部宽2.1 cm）…1个
· 大铆钉（钉帽直径9 mm、底钉长7 mm）…5组
· 小铆钉（钉帽直径6 mm、底钉长7.5 mm）…3组

部件纸型和尺寸图

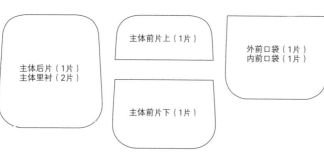

裁切方法图

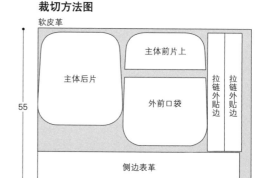

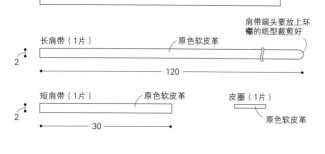

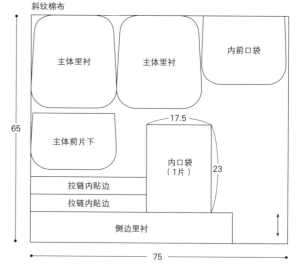

1 制作前口袋

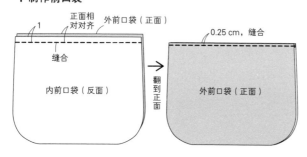

2 制作主体前片

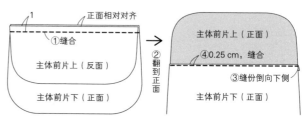

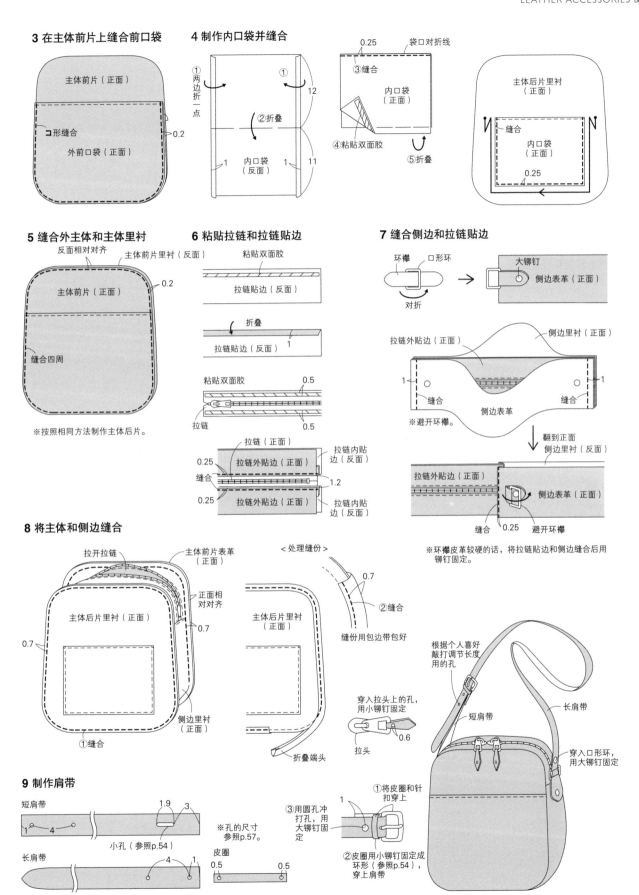

3 在主体前片上缝合前口袋

主体前片（正面）

コ形缝合

外前口袋（正面）

0.2

4 制作内口袋并缝合

①两边折一点

②折叠

12

1 内口袋（反面） 11

0.25 袋口对折线

③缝合

内口袋（正面）

④粘贴双面胶

⑤折叠

主体后片里衬（正面）

缝合

内口袋（正面）

0.25

5 缝合外主体和主体里衬

反面相对对齐 主体前片里衬（反面）

主体前片（正面）

0.2

缝合四周

※按照相同方法制作主体后片。

6 粘贴拉链和拉链贴边

粘贴双面胶

拉链贴边（反面）

折叠

拉链贴边（反面） 1

粘贴双面胶 0.5

拉链 0.5

拉链（正面）

0.25 拉链外贴边（正面） 拉链内贴边（反面）

缝合 1.2

0.25 拉链外贴边（正面） 拉链内贴边（反面）

7 缝合侧边和拉链贴边

环襻 口形环 大铆钉

对折 侧边表革（正面）

拉链外贴边（正面） 侧边里衬（正面）

1 缝合 缝合 1

侧边表革

※避开环襻。

翻到正面 侧边里衬（反面）

拉链外贴边（正面） 侧边表革（正面）

缝合 0.25 避开环襻

※环襻皮革较硬的话，将拉链贴边和侧边缝合后用铆钉固定。

8 将主体和侧边缝合

拉开拉链 主体前片表革（正面）

主体后片里衬（正面）

正面相对对齐 0.7

0.7

侧边里衬（正面）

①缝合

＜处理缝份＞

0.7

②缝合

缝份用包边带包好

主体后片里衬（正面）

折叠端头

穿入拉头上的孔，用小铆钉固定

拉头 0.6

根据个人喜好敲打调节长度用的孔

短肩带 长肩带

穿入口形环，用大铆钉固定

①将皮圈和针扣穿上

③用圆孔冲打孔，用大铆钉固定

②皮圈用小铆钉固定成环形（参照p.54），穿上肩带

9 制作肩带

短肩带

1 4 1.9 3

小孔（参照p.54）

※孔的尺寸参照p.57。

长肩带

4 1

皮圈

0.5 0.5

19 两用包

彩图 ▶ p.46

【实物同大纸型】
B面〔19〕1主体、2龙虾扣襻、3 D形环襻、4环襻

【材料】
- 猪皮革/起绒猪皮革（苔绿色）约0.7 mm厚…90 cm×45 cm（约45 DS）
- 山羊革/卡普丽莎（#70绿色）1~1.2 mm厚…75 cm×20 cm（约16 DS）
- 斜纹棉布…45 cm×70 cm
- No.5双头金属拉链…1条长32 cm
- 大铆钉（钉帽直径9 mm、底钉长8.5 mm）…8组
- D形环（内径4 cm）…3个
- 龙虾扣（内径4 cm）…1个

【成品尺寸】
38 cm×27 cm（不含提手）

部件纸型和尺寸图

外主体（2片）
主体里衬（2片）

环襻（2片）

D形环襻（1片）

龙虾扣襻（1片）

拉头装饰（2片）
0.5 ── 10

※（ ）内的数字是肩带衬革的尺寸。

7（8）
肩带表革（1片）
肩带衬革（1片）
70

裁切方法图

起绒猪皮革
45
外主体　外主体
肩带表革
拉头装饰
90

卡普丽莎
20
环襻　环襻　D形环襻　龙虾扣襻
肩带衬革
75

斜纹棉布
主体里衬
70
主体里衬
28 cm返口
45

1 安装拉链

5 mm双面胶
折叠
主体（反面）

↓ ※外主体、主体里衬分别折叠。

主体（反面）
1

↓ 在拉链的正反两侧粘贴双面胶

0.7
拉链（正面）
5 mm双面胶
夹入拉链
0.25 cm，缝合
主体里衬（反面）
外主体（正面）

2 缝褶

主体（反面）
①缝合
端头不回针缝，线头打结并剪断
正面相对对齐
折叠

外主体（反面）

②缝份倒向下侧

※主体里衬按照相同方法缝褶，缝份倒向上侧。

3 将 2 片外主体正面相对对齐并缝合

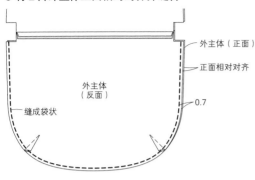

外主体（正面）

正面相对对齐

0.7

外主体
（反面）

缝成袋状

4 将 2 片主体里衬正面相对对齐并缝合

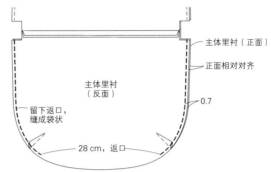

主体里衬（正面）

正面相对对齐

0.7

主体里衬
（反面）

留下返口，
缝成袋状

28 cm，返口

5 缝合上侧

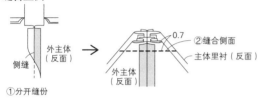

侧缝

外主体
（反面）

①分开缝份

0.7

②缝合侧面

主体里衬（反面）

外主体
（反面）

6 翻到正面缝合返口

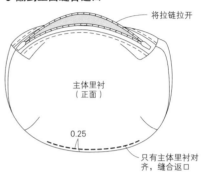

将拉链拉开

主体里衬
（正面）

0.25

只有主体里衬对
齐，缝合返口

7 制作环襻和 D 形环襻

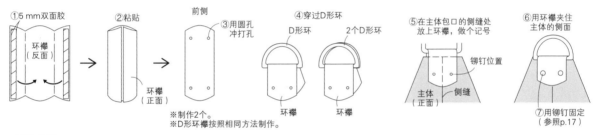

①5 mm双面胶

环襻
（反面）

②粘贴

环襻
（正面）

前侧

③用圆孔
冲打孔

④穿过D形环

D形环

2个D形环

环襻　环襻

※制作2个。
※D形环襻按照相同方法制作。

⑤在主体包口的侧缝处
放上环襻，做个记号

铆钉位置

主体
（正面）　侧缝

⑥用环襻夹住
主体的侧面

⑦用铆钉固定
（参照p.17）

※另一侧按照相同
方法安装。

8 制作肩带

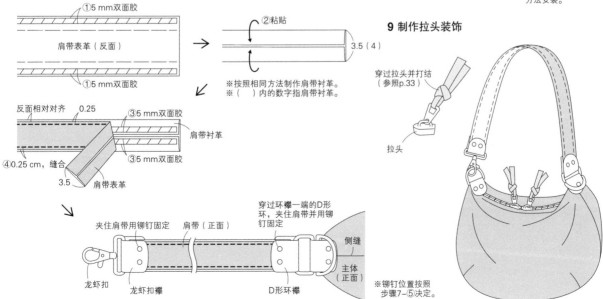

①5 mm双面胶

肩带表革（反面）

①5 mm双面胶

②粘贴

3.5（4）

※按照相同方法制作肩带衬革。
※（　）内的数字指肩带衬革。

反面相对对齐　0.25

③5 mm双面胶

肩带衬革

④0.25 cm，缝合

③5 mm双面胶

3.5　肩带表革

夹住肩带用铆钉固定　肩带（正面）

龙虾扣

龙虾扣襻

穿过环襻一端的D形
环，夹住肩带并用铆
钉固定

侧缝

D形环襻

主体
（正面）

※铆钉位置按照
步骤7-⑤决定。

9 制作拉头装饰

穿过拉头并打结
（参照p.33）

拉头

20 帆布包

彩图 ▶ p.48

【实物同大纸型】
B面〔20〕1外主体、2包底、3主体里衬、
4提手、5下肩带、6皮圈、7口形环襻、
8侧边装饰革、9加固革

【成品尺寸】
40 cm × 40 cm（不含提手）

【材料】
· 牛皮革/新型彩革（白色）约1 mm厚…85 cm×45 cm（约45 DS）
· 牛皮革/新型彩革（#1044海军蓝色）约1 mm厚…40 cm×20 cm（约8 DS）
· 牛皮革/原色软皮革约2 mm厚…85 cm×15 cm（约18 DS）
· 11号帆布…110 cm×45 cm
· No.5双头金属拉链…1条长32 cm
· 大铆钉（钉帽直径9 mm、底钉长8.5 mm）…14组
· 小铆钉（钉帽直径6 mm、底钉长6 mm）…2组
· #7050子母扣（直径15 mm）…2组
· 针扣（内部宽2.5 cm）…2个
· 口形环（内部宽2.5 cm）…2个

部件纸型和尺寸图   裁切方法图

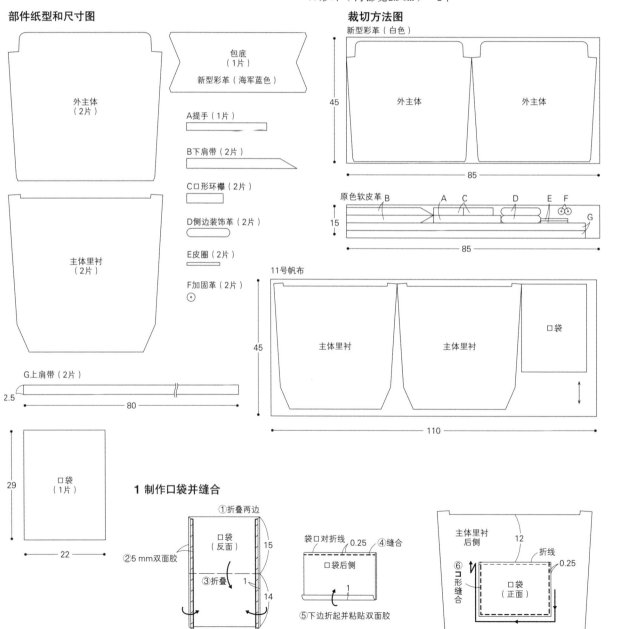

2 将主体里衬对齐缝合

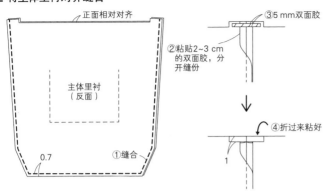

正面相对对齐

主体里衬
（反面）

0.7

①缝合

③5 mm双面胶

②粘贴2~3 cm
的双面胶，
分开缝份

④折过来粘好

1

3 在外主体贴边安装子母扣

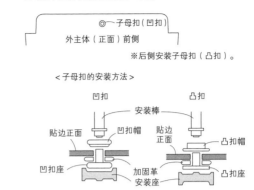

◎—子母扣（凹扣）

外主体（正面）前侧

※后侧安装子母扣（凸扣）。

<子母扣的安装方法>

凹扣　　　凸扣

安装棒

贴边正面　凹扣帽　　凸扣帽　贴边正面

凹扣座　加固革　凸扣座

安装座

4 将外主体和包底缝合

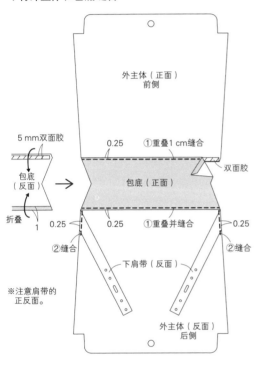

外主体（正面）
前侧

5 mm双面胶

包底
（反面）

折叠

0.25　①重叠1 cm缝合

包底（正面）

双面胶

0.25　0.25　①重叠并缝合　0.25

②缝合　②缝合

1

下肩带（反面）

※注意肩带的
正反面。

外主体（反面）
后侧

5 将外主体正面相对对齐，缝合两侧

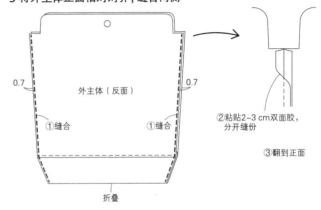

0.7　外主体（反面）　0.7

①缝合　①缝合

折叠

②粘贴2~3 cm双面胶，
分开缝份

③翻到正面

6 将主体里衬放在外主体内

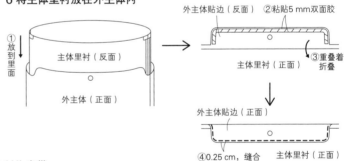

①放到里面

主体里衬（反面）

外主体（正面）

外主体贴边（反面）　②粘贴5 mm双面胶

主体里衬（正面）

③重叠着折叠

外主体贴边（正面）

④0.25 cm，缝合　主体里衬（正面）

7 安装提手、口形环、肩带

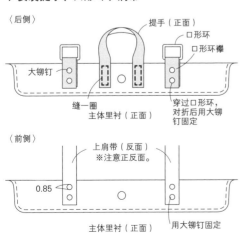

〈后侧〉

提手（正面）

口形环

口形环襻

大铆钉

缝一圈
主体里衬（正面）

穿过口形环，
对折后用大铆
钉固定

〈前侧〉

上肩带（反面）
※注意正反面。

0.85

主体里衬（正面）

用大铆钉固定

8 制作肩带

※制作方法参照p.54。

9 安装侧边装饰革

※注意子母扣的正反面。

②打孔

侧边装饰革（正面）

对折
折线

①安装子母扣

外主体
（正面）

1.5

1.5

③在主体上打孔

大铆钉

④用侧边装饰革夹住，
用大铆钉固定

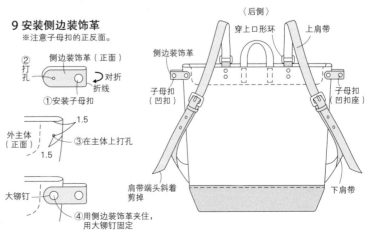

〈后侧〉

穿上口形环

上肩带

侧边装饰革

子母扣
（凹扣）

子母扣
（凹扣座）

肩带端头斜着
剪掉

下肩带

MISHIN DE TSUKURU KAWA NO KOMONO TO BAG (NV70492)

Copyright © Bag artist school repre/NIHON VOGUE-SHA 2018 All rights reserved.

Photographers: YUKARI SHIRAI, NORIAKI MORIYA

Original Japanese edition published in Japan by NIHON VOGUE Corp.

Simplified Chinese translation rights arranged with BEIJING BAOKU INTERNATIONAL CULTURAL DEVELOPMENT Co., Ltd.

备案号：豫著许可备字–2018–A–0155

【编著者】

日本Repre皮具学园

这是以1970年创办的皮革公司为母体运营的皮革学校。办学初衷是为了将皮艺更加浅显易懂地普及给大众。现在除了运营东京新宿、大阪梅田、爱知一宫三所学校之外，还在宝库学园举办讲习班。

http://www.bag-artist.jp/

图书在版编目（CIP）数据

机缝皮革包包和小物/日本Repre皮具学园编著；如鱼得水译.—郑州：河南科学技术出版社，2022.3

ISBN 978-7-5725-0671-0

Ⅰ.①机… Ⅱ.①日… ②如… Ⅲ.①皮革制品–制作 Ⅳ.①TS56

中国版本图书馆CIP数据核字（2022）第013143号

出版发行：河南科学技术出版社
　　　　　地址：郑州市郑东新区祥盛街27号　　邮编：450016
　　　　　电话：（0371）65737028　65788613
　　　　　网址：www.hnstp.cn

策划编辑：刘　欣
责任编辑：葛鹏程
责任校对：王晓红
封面设计：张　伟
责任印制：张艳芳

印　　刷：河南瑞之光印刷股份有限公司
经　　销：全国新华书店
开　　本：889 mm×1 194 mm　1/16　印张：5　字数：150千字
版　　次：2022年3月第1版　　2022年3月第1次印刷
定　　价：59.00元